Stegosaurus

Sinosauropteryx

Tyrannosaurus

Tianyulong

Wuerhosaurus

Miragaia

Mamenchisaurus

Centrosaurus

Dromaeosaurus

Microraptor

Huayangosaurus

Spinosaurus

Wuerhosaurus

Centrosaurus

Tyrannosaurus

Stygimoloch

Saichania

Szechuanosaurus

Olorotitan

Triceratops

Therizinosaurus

Tianyulong

Microraptor

Mononykus

Nodosaurus

Sinosauropteryx

Tyrannosaurus

Miragaia

Protoceratops

Stegoceras

Stegoceras

Dromaeosaurus

Stygimoloch

Tatisaurus

Tatisaurus

Mononykus

献给：

正在被青春期困惑的男生女生

希望你们能通过书中的恐龙故事，心领神会一些不便言说的秘密

杨杨和赵闯的恐龙物语

没有谁愿意孤独一生

杨杨／文　赵闯／绘
啄木鸟科学艺术小组作品

吉林出版集团有限责任公司 | 全国百佳图书出版单位

国际著名古生物学家
美国自然历史博物馆古生物部主任
啄木鸟科学艺术小组英文出版项目审稿人
马克 · 诺瑞尔博士为赵闯和杨杨系列作品所做的推荐序

（译文）

　　我是一个古生物学家，在可能是世界上最好的博物馆里工作。不管是在蒙古科考挖掘，还是在中国学习交流，或只是在纽约研究相关数据，我的生活中总是充满了各种恐龙的骨头。恐龙已经不仅仅是我的兴趣，而是我生命的一部分，在这个地球的每一个角落陪伴着我一起学习、一起演讲、一起传授知识。

　　许多科学家，都在一个封闭的环境中工作。复杂的数学公式，难以理解的分子生物化学，还有那些应用于繁复理论的数据……这是一个无论科学家们多努力也无法让普通人理解的工作环境，加上大多数科学家缺乏与公众交流的本领，无法让他们的研究成果以一种有趣而平易近人的方式表达出来，久而久之，人们开始产生距离感，进而觉得科学无聊乏味。恐龙却是一个特例：不管什么年龄层的人都喜欢恐龙，这就让恐龙成为大众科普教育的一个绝佳题材。

　　这就是为什么赵闯和杨杨的工作如此重要。他们两位极具天赋、充满智慧，但他们并没有去做职业科学家。他们运用艺术和文字作为传递的媒介，把恐龙的科学知识普及给世界上的所有人——孩子，父母，祖父母，甚至其他科学领域的科学家们!

　　赵闯的绘画、雕塑、素描以及电影在体现恐龙这种奇妙生物上已经达到了极高的艺术境界，他与古生物学家保持着紧密的联系，并基于最新的古生物科学报告以及论文进行创作。杨杨的文字已经超越了单纯的科普描述，她将幽默的故事交织于科普知识中，让其表现的主题生动而灵活，尤其适合小读者们进行自主阅读，发掘其中有趣的科学秘密。基于孩子们对恐龙这种生物的热爱，其他重要的科学概念，包括地理、生物、进化学都可以被快乐地学习。

　　赵闯和杨杨是世界一流的科学艺术家，能与他们一起工作是我的荣幸。

推荐序原文

I am a paleontologist at one of the world's great museums. I get to spend my days surrounded by dinosaur bones. Whether it is in Mongolia excavating, in China studying, in New York analyzing data or anywhere on the planet writing, teaching or lecturing, dinosaurs are not only my interest, but my livelihood.

Most scientists, even the most brilliant ones, work in very closed societies. A system which, no matter how hard they try, is still unapproachable to average people. Maybe it's due to the complexities of mathematics, difficulties in understanding molecular biochemistry, or reconciling complex theory with actual data. No matter what, this behavior fosters boredom and disengagement. Personality comes in as well and most scientists lack the communication skills necessary to make their efforts interesting and approachable. People are left being intimidated by science. But dinosaurs are special- people of all ages love them. So dinosaurs foster a great opportunity to teach science to everyone by taping into something everyone is interested in.

That's why Yang Yang and Zhao Chuang are so important. Both are extraordinarily talented, very smart, but neither are scientists. Instead they use art and words as a medium to introduce dinosaur science to everyone from small children to grandparents- and even to scientists working in other fields!

Zhao Chuang's paintings, sculptures, drawings and films are state of the art representations of how these fantastic animals looked and behaved. They are drawn from the latest discoveries and his close collaboration with leading paleontologists. Yang Yang's writing is more than mere description. Instead she weaves stories through the narrative, or makes the descriptions engaging and humorous. The subjects are so approachable that her stories can be read to small children, and young readers can discover these animals and explore science on their own. Through our fascination with dinosaurs, important concepts of geology, biology and evolution are learned in a fun way. Zhao Chuang and Yang Yang are the world's best and it is an honor to work with them.

不是每一件事情都可以速战速决，比如爱情

——致读者朋友

李想想同学：

你好！

你的信我已经收到了，很感谢你能在信中和我分享你的秘密。

你说你最近对班上的一个男孩有种不一样的感觉，这让你有些害怕。你不想早恋，更不想因为早恋影响学习，可是你的心里又抹不去那种感觉。你不敢和父母说，便给我写了这封信。

我真高兴你终于把它说了出来，为了公平起见，现在，我也告诉你一件我的事情。

我大概是上初一的时候，比你还低一个年级，收到了一封"情书"。我平时对那个男孩的印象很好，因为他的头发总是会散发着香喷喷的味道。他把"情书"塞给我就跑了，我一直等到放学后在一个没人的地方才打开，"情书"上用钢笔写着一行小字：我喜欢你，这是我们两个的秘密，不要告诉别人。

我攥着这封"情书"，既兴奋又害怕，恐怕和你现在的感受是一样的。

我长到十几岁，跟班里的男孩子向来关系很好，可从一个男孩那里听到"我喜欢你"这四个字，还是头一次。我惶恐地不知道该把"情书"放在哪里，它一度从书包里转战到口袋中，从口袋里到了枕头下，又从枕头下被掖进了被子里。终于，在它被我珍藏到第五天的时候，妈妈从床和墙壁间的缝隙中把它捡了起来。

她把那张纸当着我的面放在了我的书桌上，转身走了，我甚至没看清楚她的表情。

我的羞愧让脸滚烫得像要着了火，可是我仍然希望她当时能说点什么，和我聊聊关于那张纸条上说的事情，告诉我应该怎么办，可是，她一句话都没留下。

我记得我把那张纸从书桌上收到了厚厚的新华字典里，直到我初中毕业，它仍旧平平整整地躺在那里。只是，从那天起，我再也没有和那个头发飘散着香味的男孩说话，因为我觉得是我泄露了秘密，我不再值得他信任了。

这件事情过去得太久了，久到我已经想不起那个男孩的样子，直到有一天，一位妈妈满面愁容地对我说，现在的学校真是太可怕了，到处都是早恋的学生。她的女儿马上就升初中了，正是危险的年纪，她担心女儿有一天走上了斜路，焦虑地不知道该怎么办。

这位母亲之所以会和我探讨这个问题，是因为现在我已经成长为了一名作家，写些和科学

相关的文章，她理所当然地认为我应该知道答案。看着她焦急的神情，我故作镇静地说："你可以和女儿说说什么是爱情，什么是性，什么是繁衍啊，让她对这些事情有一个科学的认识，这是她能正确处理现实状况的关键。"可她听完后一点都没放松下来，"我怎么好说的出口啊，这些东西……"

是啊，这些东西，我忽然就想到了初一的那个男孩，那时候我妈妈也什么都没说。

不知道是不是看到我的脸有些微红，那位母亲中断了这个话题。幸好如此，否则要是真问起来我有什么方法可以让她和女儿去交流这些问题，我怕自己真的会窘在那里收不了场。

我知道，这一定不是一位妈妈的困惑。我们不知道怎么对孩子说，因为我们的父母不知道怎么对我们说，他们的父母也不知道怎么对他们说。我们这个民族受传统文化的影响太深了，我们矜持、羞涩，没有开放到随时随地都能和自己的孩子来讨论一个在我们的观念里只属于成人的话题。

我有一个朋友，就因为她小时候问父母自己是从哪里来的，父母不知道怎么回答便随便地说了一句捡来的，一直到18岁的时候还有心理阴影，严肃地要求父母做亲子鉴定。还有我，不也是个例子。如果当时妈妈能和我说点什么，说不定她就能挽救一段持续一生的友情。可是，他们什么都没说，或者他们根本不知道怎么说，说什么。

或许，这也是你不敢和父母提及这件事情的原因吧！

你可能不知道，在收到你的信后，我开始了一本书的创作，这本书里的主角是恐龙，书中的故事里有它们纯真的爱情，也有失恋后的痛楚；有急切的交配，也有从容的繁衍；有因为爱而组建家庭的温馨，也有为了维护家族做出的牺牲……我给这本书起名为《没有谁愿意孤独一生》。

我之所以写这本书，是想让更多的青春萌动的少男少女大方地和父母一起了解、探讨什么是爱情、性和繁衍，以及它们背后真正的意义。想让更多的父母在我们彷徨的时候，告诉我们其实没什么可害怕的，我们只是遇到了人生中最美好的事情之一，我们要做的只是正确面对、处理这件事，而不是逃避，或者沉溺在被我们夸大的虚幻的情感中。我们一定不会因为这样纯真的情感而影响到功课，相反，它会成为我们成长道路上最美好的印记。

青春的一切情感都是美好而纯真的，我们应该好好地将它们珍藏起来。而关于性、关于繁衍、关于家庭，离我们都还遥远，我们需要等待，需要慢慢体会，而不是迫不及待地去尝试，就像我书中写的那样："不是每一件事情都可以速战速决，比如爱情。"否则，一切就都失去了意义。

2015 年 3 月 北京

目录

本书涉及主要古生物
化石产地分布示意图

参考资料：世界地图
编绘机构：PNSO 啄木鸟科学艺术小组

地图分布区域色彩

- 亚　洲
- 北美洲

化石产地

亚洲东部，中国，河南

77　特暴龙
Tarbosaurus Maleev, 1955

亚　洲

亚洲东部，中国，四川、新疆等

83　马门溪龙
Mamenchisaurus Young, 1954

亚洲东部，中国，四川

80　沱江龙
Tuojiangosaurus Dong et al., 1977

声明：
本示意图仅为说明化石产地大概地理位置
而设计，非各国精确疆域地图。

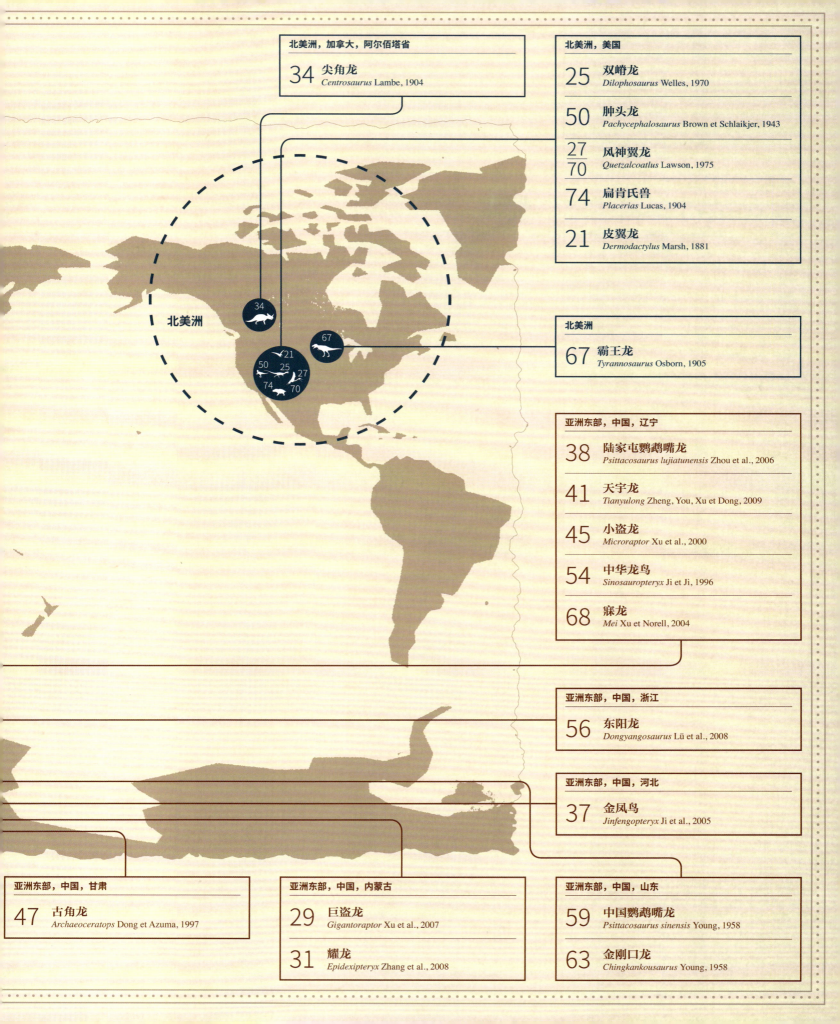

北美洲，加拿大，阿尔佰塔省

34 **尖角龙**
Centrosaurus Lambe, 1904

北美洲，美国

25 **双嵴龙**
Dilophosaurus Welles, 1970

50 **肿头龙**
Pachycephalosaurus Brown et Schlaikjer, 1943

$\frac{27}{70}$ **风神翼龙**
Quetzalcoatlus Lawson, 1975

74 **扁肯氏兽**
Placerias Lucas, 1904

21 **皮翼龙**
Dermodactylus Marsh, 1881

北美洲

67 **霸王龙**
Tyrannosaurus Osborn, 1905

北美洲

亚洲东部，中国，辽宁

38 **陆家屯鹦鹉嘴龙**
Psittacosaurus lujiatunensis Zhou et al., 2006

41 **天宇龙**
Tianyulong Zheng, You, Xu et Dong, 2009

45 **小盗龙**
Microraptor Xu et al., 2000

54 **中华龙鸟**
Sinosauropteryx Ji et Ji, 1996

68 **寐龙**
Mei Xu et Norell, 2004

亚洲东部，中国，浙江

56 **东阳龙**
Dongyangosaurus Lü et al., 2008

亚洲东部，中国，河北

37 **金凤鸟**
Jinfengopteryx Ji et al., 2005

亚洲东部，中国，甘肃

47 **古角龙**
Archaeoceratops Dong et Azuma, 1997

亚洲东部，中国，内蒙古

29 **巨盗龙**
Gigantoraptor Xu et al., 2007

31 **耀龙**
Epidexipteryx Zhang et al., 2008

亚洲东部，中国，山东

59 **中国鹦鹉嘴龙**
Psittacosaurus sinensis Young, 1958

63 **金刚口龙**
Chingkankousaurus Young, 1958

皮翼龙贝蒂的免费列车

大多时候，繁衍并不只关系到一个家庭的命运，而是一个种族的存亡。为此，每一个成员都会拼尽全力。

1亿5000万年前，今天的北美洲。

"这鬼天气就像是要着火一样，我在滚烫的空气里，好像闻到了自己被烧焦的味道！"

皮翼龙贝蒂急速地拍打着翅膀向沃伦抱怨，她似乎想通过自己翅膀的扇动带来一丝凉爽的微风，可一切都是徒劳的。热气就像火焰一样，向她滚来。

"别泄气，贝蒂，我们一定能飞到南方，不是吗？"沃伦实际上比贝蒂更焦急，只是这时候他得让自己平静下来，好安慰贝蒂。

沃伦与贝蒂是一对情侣，他们努力地向南方飞去，只是为了在那里埋下他们爱情的结晶。

你知道，他们的族群总是喜欢到一个固定的地方繁衍，那是他们的祖辈精挑细选了很久的地方。他们的族群都出生在那里，那里承载着他们的爱情，也孕育着他们的后代。

沃伦与贝蒂就像他们的祖辈一样，踏上了这条很长很长的路。他们背负着爱情，却没想到抵达爱情的港湾会经历这么多艰辛。

"沃伦，我想我有些坚持不下来了！"贝蒂扇动翅膀的频率开始下降，她全身酸软，饥饿与酷热简直要夺去她的生命。

沃伦担心地看着贝蒂，他知道酷热不会在短时间内结束，他不敢想贝蒂如果坚持不下来，他该怎么办！

沃伦向下环顾，荒芜的大地升腾着滚滚热浪，所有的动物都不见了，他们或许躲到了山洞里，或许已经变成了路上的白骨，总之他们不必忍受现在这鬼天气，沃伦在心里咒骂起来。看来，他和贝蒂必须坚持飞下去，倘若栖息在树干或者炎热的大地上，他们恐怕就再也飞不起来了！

沃伦和贝蒂肩并肩飞着，贝蒂显得很虚弱，她的眼皮耷拉着，看上去几乎就要闭起来了，但她依然坚持着，她不忍放弃的不光是自己的生命，更是她和沃伦之间的爱情。

时间在悄然流逝，可情况却没有任何好转。沃伦开始有些绝望了，他的信心在一点一点消逝。

可就在这时，在寂静而炙热的大地上出现了一只剑龙，沃伦并不知道这只剑龙从哪里来，要到哪里去，可是，他就那么真实地出现在那里。

沃伦召唤着贝蒂，他们一起努力向那只体型庞大的剑龙飞去。他们成功了，轻轻地落到了剑龙的背上，剑龙那巨大的骨板为他们提供了最好不过的遮蔽，毒辣的阳光在这里拐了一个弯，又向别处射去了。

剑龙迈着沉重而坚实的脚步行走于滚烫的大地上，对于沃伦和贝蒂而言，他无疑是侏罗纪这片大地上最好的免费列车。

沃伦和贝蒂并不知道剑龙会走多远，但哪怕只是一小段，或许就能让他们渡过困境，成功地飞向南方。

而这只巨大而可爱的剑龙，对于自己背上这两个小不点儿，一点都不介意。

贝蒂家族档案

学名：*Dermodactylus*
中文名称：皮翼龙
种类：翼手龙类
体型：翼展 1.5~1.8 米
食性：鱼
生存年代：晚侏罗世，距今 1 亿 5500 万年至 1 亿 4500 万年
化石产地：北美洲，美国

等待爱情的双嵴龙艾德里安

等待爱情的过程是漫长的，不过，双嵴龙艾德里安有足够的耐心。

不是每一件事情都可以速战速决，比如爱情。

1 亿 9000 万年前，今天的北美洲。

一个星期前，双嵴龙艾德里安就已经选好了自己的妻子，不过他并没有采取鲁莽的行动。

他要有足够的时间来了解自己的爱人，当然，他还必须有足够的时间来让爱人注意到自己。

对于这一点，艾德里安有足够的信心。他漂亮的冠饰让他在爱情面前从来没有遭遇过横刀夺爱！

他用爪子挠了挠因漫长的等待而有些发僵的脖子，一个星期过去了，看来，是行动的时候了！

艾德里安家族档案

学名：*Dilophosaurus*
中文名称：双嵴龙
种类：兽脚类
体型：体长 6 米，高约 2.5 米，体重约 500 千克
食性：肉食
生存年代：早侏罗世，距今 1 亿 9900 万年至 1 亿 8900 万年
化石产地：北美洲，美国

飞到大海那边的风神翼龙萨拉

"加油，加油！飞过这片大海，你从此就不会再害怕任何艰难险阻了！"

"我飞起来了，飞起来了！"

7000万年前，今天的北美洲。

风神翼龙萨拉用坚毅的目光望向海的对岸，这是她第一次去那里繁衍自己的后代，虽然内心忐忑不安，但是已经有过一次经验的伙伴鼓励着她，她的内心渐渐充满了力量。她在金色的夕阳下展翅翱翔，带着生命重生的光辉。她的内心从来没有如此强大，她充满了勇气和力量，向大海的那边飞去！

萨拉家族档案

学名：*Quetzalcoatlus*
中文名称：风神翼龙
种类：翼手龙类
体型：最大翼展可能超过12米
食性：肉食
生存年代：晚白垩世，距今7000万年至6600万年
化石产地：北美洲，美国

求爱前的巨盗龙维羽

有时候，纯洁的爱情在开始前也不免会有些杂质。

这常常被粉饰成争夺爱情的必要手段，可事实上，爱情也不过是扩大族群数量的借口罢了！

8500万年前，今天的中国内蒙古。

"嗨，你觉得站在池塘边那只巨盗龙怎么样？"

"哦，漂亮极了，你没看到我的眼睛正盯着她，一眨不眨！"

"这个……我原以为你不喜欢！"

"为什么，她是我见过的最漂亮的巨盗龙，只有我才能配得上她！"

"哦，不，我不是说她的长相，当然，她的美艳整个森林都知道，只是……"

"只是什么？"

"听说她生的孩子没有几个能活下来的，因为她一生完，就把他们丢弃了，然后迫不及待地去寻找新的丈夫……"

"你是怎么知道的？"

"哦，她的故事整个森林里人尽皆知，怎么，你一点都没有听说过？"

"让我想想，我怎么会一点都不知道呢！"

"呵呵，我看还是算了，那样的恐龙——"

"真可惜，我必须得保证我的孩子有一位好母亲，我可不希望我们的家族到我这里就结束了！"

"说的是，说的是——"

那只可怜的巨盗龙就这样信以为真了，他放弃了这个绝佳的机会，与那个美艳的雌性巨盗龙繁衍后代的机会。而另外一只巨盗龙维羽正张开自己漂亮的前肢，让那些顺滑的羽毛附和自己得意的微笑。

不过，他还没有拿到与那只雌性巨盗龙交配的通行证，下一步，他必须在她面前完美地展现自己的身体，以便让她找到愿意为他繁衍后代的理由。

爱情对于他们而言，是这个赤裸裸的过程中最华丽的外衣。

维羽家族档案

学名：*Gigantoraptor*
中文名称：巨盗龙
种类：窃蛋龙类
体型：体长约 8 米，体重约 1400 千克
食性：肉食
生存年代：晚白垩世，距今 8500 万年
化石产地：亚洲东部，中国，内蒙古

被抢夺了爱人的耀龙柯利

飞来的横祸总是把原本艰难的生活搞得一团糟，连求爱这么美丽的时刻都不放过。

1亿6000万年前，今天的中国内蒙古。

耀龙柯利这天的运气不错，刚一出门，便碰上了心仪的对象。

那是一只正在水边沐浴的雌性耀龙，她艳丽的羽毛被清凉的河水一点一点地浸润着。现在，它们都贴在了她的身体上，不过，柯利知道，等她沐浴完毕，在阳光下甩动身体的时候，它们就会变成她完美的衣裳。

柯利静静地在一旁等着，这真是奇怪，他平时可是一个急性子的家伙。

雌性耀龙在水边沐浴了很久，她当然看到了柯利，不过，她并没有表示出任何好感或者厌恶，她像往常一样认真地梳理着自己的羽毛。

柯利在等待着她能发出一点点暗示，而她也正等待着柯利更加精彩的表演。

在这个发情的季节，雌性耀龙总是不缺乏交配的对象，大把的雄性耀龙千方百计地讨好她们，就是想要她们孕育自己的孩子。这虽然加大了雄性耀龙繁育后代的难度，不过对雌性耀龙来说可是一件好事，谁不想风风光光地找一位健壮的丈夫呢！

柯利完全懂得面前这位漂亮姑娘的想法，他缓缓地张开自己的尾羽，就像孔雀开屏一样。那高高翘起的绚丽的羽毛在阳光的照射下，流光溢彩。柯利将那些浸泡在光线中的尾羽缓缓地转向自己的爱人，就像拉开了一场精彩演出的幕布。

漂亮的雌性耀龙停止了沐浴，她抖动着自己的身体，让那些沉甸甸的水分远离自己。就像柯利想的那样，她的羽毛再次呈现出无比美丽的状态，在空气中轻盈地浮动。她深情地望着柯利，脸上微微泛起了潮红。

柯利得意地叫了起来，这样的暗示已经足够了。柯利快速奔向自己的爱人，迫不及待地想要与她共度美好的时刻。

可就在这时，意外发生了！

不知道从哪里杀出来另一只雄性耀龙，只见他抢先一步来到雌性耀龙身边，几乎是用他的前肢裹挟着她，毫不犹豫地带着她飞一般地离去。

柯利还没有看清楚另一只雄性耀龙的模样，那刚刚被他征服的爱人就已经消失在丛林中了！

"喂，你去哪里？"

柯利对着丛林愤怒地喊了起来，全然没有了刚刚的绅士风度。这时候，抓狂的柯利哪里还能顾得了那么多！

柯利家族档案

学名：*Epidexipteryx*
中文名称：耀龙
种类：虚骨龙类
体型：体长约 44.5 厘米，体重约 164 克
食性：杂食
生存年代：晚侏罗世，距今约 1 亿 6000 万年
化石产地：亚洲东部，中国，内蒙古

恐龙界的时尚达人尖角龙汤姆

　　恐龙也讲究时尚吗？恐怕连肚子都填不饱的他们根本没工夫讨论这些不着边际的话题。不过，这并不代表恐龙界没有时尚达人。如果以现在的眼光来评判，角龙家族一定会以他们别出心裁的头盾拔得头筹，他们的出场个个都有巴黎时装周的模特范儿。他们也会常常拿自己的头盾来炫耀，只不过他们不是为了在 T 台上秀一把，而是为了吸引更多雌性的目光。

　　7600 万年前，今天的北美洲。
　　尖角龙汤姆正在靠自己时尚的装扮吸引他心仪的对象。汤姆的时尚几乎全都体现在他的头盾上。汤姆的头盾非常大，看上去威风极了。头盾上有两个宽大的孔洞，边缘有很多小的波状隆起。他的头盾上有着艳丽的花纹和颜色，绝对是恐龙界的时尚达人。

　　时尚对于汤姆来说并非只是摆设，事实上，他已经凭借自己时尚的外表和气质吸引过很多漂亮的异性了。为家族繁衍更多的后代是他应尽的责任，也是确保族群安全的必要条件。而现在，他就是要再次为繁衍而战，他相信没有几只雌性尖角龙会不喜欢他的样子。

汤姆家族档案

学名：*Centrosaurus*
中文名称：尖角龙
种类：角龙类
体型：体长 6 米，高 1.8 米，体重 2000~3000 千克
食性：植食
生存年代：晚白垩世，距今 7700 万年至 7500 万年
化石产地：北美洲，加拿大，阿尔佰塔省

金凤鸟小艾，像鸟一样的恐龙

炫耀是动物的天性，这能让他们更容易引起异性的注意。每种动物都可以找到值得炫耀的地方，只是有些特征比较明显，有些不那么显眼。像下面这位恐龙先生，他一定是把自己艳丽的羽毛炫耀过头了，致使古生物学家都一度误以为他是一只鸟。

1亿2200万年前，今天的中国河北。

这天，金凤鸟小艾起了个大早，他不是去觅食，而是去寻找自己的另一半。

他对自己很有信心，虽然他只有喜鹊那么大，但他后肢上长有镰刀状的大爪子，这能轻松地对付敌人，也能给自己的爱人带来安全感。还有，他漂亮的羽毛，特别是尾巴上那些动人的羽毛，在晨光中散发出透亮的光泽。这可是他向心仪的异性炫耀的资本。一旦她们被他的利爪和羽毛所吸引，那接下来的事情就容易多了，他很快就会拥有很多小宝宝。

小艾家族档案

学名：*Jinfengopteryx*
中文名称：金凤鸟
种类：伤齿龙类
体型：体长约55厘米
食性：肉食
生存年代：早白垩世，距今约1亿2200万年
化石产地：亚洲东部，中国，河北

鹦鹉嘴龙布尼的悲惨遭遇

在动物世界中，迅速而残酷的杀戮永远都是彰显自己力量的最佳方式，特别是那些雄性个体，他们常常需要在战争中，向旁观的雌性展示自己的魅力。这是他们获取异性欣赏的有效手段，但听上去似乎非常残酷。

1亿2500万年，今天的中国辽宁。

清晨的太阳光从洞口直直地照射进来，虽然并不强烈，但还是把鹦鹉嘴龙布尼弄醒了。他睁开眼睛，望着洞口的亮光伸了个懒腰。看来得起床了，否则今天又要饿肚子了。布尼想着，起身准备爬到洞外去。

洞口的树上几只长尾羽的孔子鸟正在嬉戏打闹，就像往常一样。

布尼总是很羡慕他们，因为布尼每天都看到他们在嬉闹，却看不到他们什么时候去捕食。生活对人总是不那么公平，布尼想。

布尼并没有急着出洞，一向小心谨慎的他仔细地把洞口周围检查了一番，这才从洞里钻了出来。

清晨永远是一天中最美好的时刻，太阳慢慢升高，阳光努力地透过一层层的叶子想要照亮森林的最底层。

看着头顶的叶子，还有浮动的阳光，布尼感到微风从皮肤上划过。他还是喜欢外面广阔的感觉，在那里他可以尽情地奔跑，而不需要蜷缩在狭窄的洞穴中。

布尼沿着自己熟悉的道路向森林深处跑去，他不能再在这儿享受微风了，他得抓紧时间去找东西吃，否则，不知道什么时候自己就会变成敌人的猎物。在这个森林中，随时都会发生充满了血腥的战斗，有时候布尼也觉得很累，但是，生存就是这样，他知道。

布尼小跑了一阵，在一棵银杏树下停了下来，因为他发现了不少新发芽的蕨类植物，这些嫩绿的叶子对布尼来说非常可口，光是看着就已经流口水了。

布尼靠近这些新鲜的叶子，他坚硬的鹦鹉嘴状的角质喙只是一开一合，就轻易地切断了植物的茎。只一小会儿，一大串叶子就进了布尼的肚子里。布尼加快了咀嚼的速度，想在竞争对手来抢夺食物之前多吃一点。

可就在这时，布尼忽然听到了一阵沙沙声，这声音与树叶的响声不同。虽然这声音只响了一次，但是布尼的耳朵还是敏锐地捕捉到了它。布尼转过身，警觉地盯着周围。可瞧了好一阵子，一切都很正常，似乎并没有什么异样，就像他来时的样子。

布尼放松下来，埋头准备继续享用美食。可是，他刚刚低下头便再次听到了那个声响。这一次，布尼辨清了声音的来源，就在他的正上方。

布尼还来不及抬头，一只中国鸟龙便从天而降，布尼的背部顿时感觉一阵剧痛，像是被一个尖锐的武器刺穿了一样。

布尼想要反抗，可是一种巨大的无力感向他袭来，连呼吸都变得急促起来，没多久便瘫倒在地上。

而这只中国鸟龙并没有停止攻击，他再次一跃而起，用锋利的爪子朝着布尼的腹部袭来。

布尼惨叫着，但是一切都晚了，中国鸟龙嘴巴里那颗带毒的牙齿上沾满了布尼体内的鲜血，即便中国鸟龙停止攻击，布尼也会在几分钟内中毒身亡，成为中国鸟龙的食物。中国鸟龙骄傲地看着自己的战利品，不知道这样能不能吸引异性的关注。

布尼家族档案
学名：*Psittacosaurus lujiatunensis*
中文名称：陆家屯鹦鹉嘴龙
种类：角龙类
体型：体长 1.3 米
食性：植食
生存年代：早白垩世，距今 1 亿 3000 万年至 1 亿年
化石产地：亚洲东部，中国，辽宁

天宇龙博远的炫耀工具

绚丽的羽毛原本是最常见的向异性炫耀的工具，但是在恐龙的世界中，人们一直都认为只有肉食性恐龙才会拥有漂亮的羽毛，直到植食性恐龙天宇龙被发现。他背上那些细管状的原始的羽毛正在向大家展示一个不一样的恐龙世界。说不定，早期大量的恐龙都是带有羽毛的，它们只是在漫长的演化过程中慢慢消失了。所以，恐龙世界事实上要比我们想象的更加丰富多彩！

1亿2200万年前，今天的中国辽宁。

天宇龙博远和他的同伴正在向他们的情人展示着自己漂亮的羽毛。

清晨的阳光透过枝叶的缝隙，斑驳地洒在他们身上，他们背上那些长长、管状的羽毛被照耀得分外美丽。这些羽毛很原始，并不能为他们保温，也不能帮助他们飞翔，但却可以帮助他们吸引异性。

此时，博远正和自己的同伴暗暗较劲。虽然他们的友谊深厚，但是在爱情面前，他们也互不相让。他们各自摆出了帅气的姿势，以保证把自己最好的一面展示给爱人。

即便如此，成功获得异性的青睐也不是一件容易的事。就像现在，博远和同伴因为长时间保持着一个姿势，身体都僵硬了，而他们看中的那只雌性天宇龙，仍然犹豫不决。

博远家族档案

学名：*Tianyulong*

中文名称：天宇龙

种类：鸟臀类

体型：体长约 0.7 米，高 0.2 米，体重约 1 千克

食性：植食

生存年代：早白垩世，距今 1 亿 2800 万年至 1 亿 1000 万年

化石产地：亚洲东部，中国，辽宁

小盗龙萱萱的美丽诱惑

当她展开四个翅膀，优美地划过天际时，连那些猎物都会被她的美貌吸引。因此，她总是毫不费力，用妩媚的笑容就能将那些神魂颠倒的猎物收入囊中。

1 亿 2500 万年前，今天的中国辽宁。

小盗龙萱萱是一位美人，森林里的居民都用精灵这个名字来称呼她。

从来没有见过像萱萱这么漂亮的小恐龙，她的出现完全打破了森林的宁静。

在萱萱的门口总是会出现一些陌生的家伙，他们争相来欣赏萱萱的美丽。

只是萱萱那时候都静静地躲在家里，小心翼翼地观察着周围的一切，因为萱萱从来没有忘记她的天性——猎杀，即使此时此刻她们看上去是那么美丽，那么可爱动人。

萱萱的美丽人尽皆知，不过这并不能让她填饱肚子，她还得像其他的家伙们一样出门捕猎。

起初，萱萱完全像其他的肉食性恐龙一样，埋伏，等待猎物，然后出击，但是很快她就发现了自己和别人不一样的地方。

萱萱发现猎物在遇到自己的时候总是有些心猿意马，他们会被她的美貌吸引，而忘记危险的存在。

萱萱试验了几次，她发现只要自己露出甜美的微笑，那些猎物便会比平时容易十倍甚至几十倍地被自己抓到。这一发现真是让萱萱太兴奋了，她原以为自己的美丽只能让那些美味、好吃的猎物养养眼，没想到这竟然成了自己独到的捕食方式。

美丽和危险天生就是共存的，在残酷的丛林中生活的居民们，应该更清楚地认识到这一点。

那些没有警惕性，完全抵挡不住美丽诱惑的家伙，只能说明他们并不是丛林生活的好手，所以他们被萱萱抓住，一点都不冤。

而萱萱，她再清醒不过了。她让自己的美貌和捕食技巧完美地结合在一起，成为丛林中最可怕的精灵。

她总是在薄雾还笼罩着大地、大部分动物都在睡梦中的时候，就开始了自己的猎杀行动，萱萱比他们都更加勤奋。

这天早晨，萱萱看上了一只趴在湿漉漉的树干上的小蜥蜴，萱萱觉得把他当作一顿早餐还真不错！于是，萱萱轻轻展开自己的翅膀，轻盈得就像一团影子一样，从高高的树冠上一跃而起，向小蜥蜴飞去。

受宠若惊的小蜥蜴完全没想到这样的美人会垂青自己，当他回过头想要看看这位传说中的精灵时，却已经将自己的性命交到了精灵的嘴巴里。

萱萱家族档案

学名：*Microraptor*
中文名称：小盗龙
种类：驰龙类
体型：体长 55~77 厘米，体重约 1 千克
食性：肉食
生存年代：早白垩世，距今约 1 亿 2500 万年
化石产地：亚洲东部，中国，辽宁

失去孩子的古角龙杰西卡

交配、产蛋只是繁衍的第一步，接下来的路无论对于妈妈，还是孩子都更加漫长而艰难。

抚育孩子的确不是一件容易的事情，它在一定程度上是雌性恐龙地位的较量。只有那些占据优势地位的雌性恐龙才会更容易成功地抚育后代，因为没有谁敢轻易地伤害她们的孩子。而那些相对弱小的雌性恐龙就没有那么幸运了，她们的孩子有多少能被孵化出来，这似乎完全取决于运气！

1亿1500万年前，今天的中国甘肃。

天刚蒙蒙亮，古角龙杰西卡就出门了！

她并不是一只幸运的恐龙，在她怀孕之后，她的丈夫便不知去向了。

于是，她得独自产蛋，独自孵化，然后独自养育自己的孩子。

在她艰难地生产之后的一个星期里，她几乎没有吃过一顿正经的饭。原本这时候应该由雄性恐龙照看那些蛋宝宝，雌性恐龙外出觅食。可是现在，那些蛋宝宝身边只有杰西卡，她一刻都走不开。

杰西卡的窝附近还有一些绿色植物，可是那些少得可怜的叶子很快就被她消灭光了。她不得不出去找点儿吃的了。

这天早晨，杰西卡早早地醒来，用一些干枯的树叶把蛋宝宝们盖好，然后出发了。

杰西卡只想趁着大家还在睡梦中时，去弄点吃的，然后赶快回到宝宝的身边。要知道，在这个残酷的丛林中，她的宝宝随时都有可能成为别人嘴巴里的美食。

但是，生活好像总是跟这位善良的妈妈过不去，原本茂盛的森林突然变得吝啬起来，她走了很久很久才找到一小片挂满绿色的小树林。

杰西卡抓紧时间吞下了好多叶子，哦，可真是美味，她都不记得自己有多长时间没有享受过这么美妙的食物了。自从她怀孕之后，她一边要照顾肚子里的宝宝，一边要躲避掠食者，生活可真是艰难！

杰西卡没敢停留多长时间，她觉得吞到肚子里的这些食物足够能维持两三天了，就赶紧往回走。

现在，杰西卡迫不及待地要回去照看自己的孩子们。

在那些艰难的日子里，杰西卡只要想到自己的孩子就会不自觉地露出微笑，孩子们是支撑她渡过各种困境的唯一理由。

杰西卡一边想着，一边快步地向自己的窝走去。忽然，她觉得哪里有些不对，她闻到了陌生的、带有血腥气息的味道，她的心骤然一紧。

杰西卡加快了脚步，三步并作两步地走到了孩子们身边，可是，似乎来不及了，一只准噶尔翼龙正在把玩她的孩子。

杰西卡疯狂地喊叫着，她腾空而起，用自己的爪子狠狠地打向了准噶尔翼龙的翅膀。准噶尔翼龙为了躲避杰西卡的出击，惊慌失措地扔掉了手中的蛋。

"孩子，孩子……"

杰西卡拼尽全力想去接住她失而复得的孩子，可是，一切都晚了。

杰西卡家族档案

学名：*Archaeoceratops*
中文名称：古角龙
种类：角龙类
体型：体长 1~1.5 米，体重 15~25 千克
食性：植食
生存年代：早白垩世，距今 1 亿 2000 万年至 1 亿 1000 万年
化石产地：亚洲东部，中国，甘肃

拥有强大内心的肿头龙切丽

在恐龙界，美貌并不是衡量地位的主要标准，强大才是划分阶级的唯一手段。

6850 万年前，今天的北美洲。

肿头龙切丽的长相相当奇特，她的脑袋上和面颊上都布满了密集的骨质小瘤和小棘，凹凸不平，就像是因为骨骼病变而造成的畸形。不仅如此，在她眼睛后部的头顶处，还长有一个圆形的骨质隆起，这个隆起厚达 25 厘米，非常坚固，在这个隆起周围同样围绕着瘤刺和棘状刺。乍看上去，她就像是欧洲中世纪神话传说中头上长满尖刺的恶龙。

切丽长得并不美，甚至可以说有些丑陋，但这却没有给她的生活带来任何负面的影响，她依旧快乐而自信地生活着。凭借敏锐的视觉、听觉和嗅觉，对付想要对她下手的敌人；积极地追求自己心仪的对象，说实话，她的外貌从来不是什么障碍，她的快乐和自信总能打动他们，现在她已经拥有 8 个孩子了。谈起自己的生活，她总是笑笑说："只要拥有一颗无比强大的内心，生活中就没什么克服不了的困难，这是我所有快乐和勇气的来源。"

切丽家族档案

学名：*Pachycephalosaurus*
中文名称：肿头龙
种类：肿头龙类
体型：体长 4.5~6 米，高 1.5 米，体重约 500 千克
食性：植食
生存年代：晚白垩世，距今 7000 万年至 6600 万年
化石产地：北美洲，美国

对峙中的中华龙鸟伟力和肖远

同一家族的恐龙间在争夺爱情时，往往并不那么激烈，他们不希望同伴为了这些事情而两败俱伤，所以，对峙是他们最惯用的方式。而最终的胜利者就属于那个坚持到底的家伙。

1亿2800万年前，今天的中国辽宁。

刚刚从睡梦中醒来的动物们立刻就能看一场好戏，两只雄性中华龙鸟伟力和肖远正为了争夺配偶而对峙着。看样子他们已经在那里站了很久很久，连漂亮的羽毛都沾满了清晨的雾气。

虽然场面十分安静，但是空气中却充斥着腾腾的杀气。伟力和肖远都在尽力保持平静，好让自己看上去是一副无所谓的样子，以迷惑对方。但是，表情可以伪装，而身体却骗不过大家。

他们伸直双腿，仰着头，露出脖子下面充血变红的皮肤；他们的尾巴高高挑起，炫耀着上面鲜明的白色环形花纹；而他们身上的毛发也都直直地竖了起来，看上去毫不退让……

他们用极其挑衅的姿态向对方以及不远处的情人努力地炫耀着自己的美丽，这情形就像今天的许多动物，尤其是鸟类。在他们的世界中，美丽是雄性动物特有的权利，而在人类社会中，这一点却恰恰相反。

对峙的幕布不知道什么时候才能落下，热闹的看客并不希望那么快就结束！只是，对伟力和肖远来说这是个不小的挑战，谁能以这样的姿势坚持到最后，谁才是最终的胜利者！

伟力和肖远家族档案
学名：*Sinosauropteryx*
中文名称：中华龙鸟
种类：虚骨龙类
体型：体长 0.9~2 米
食性：肉食
生存年代：早白垩世
化石产地：亚洲东部，中国，辽宁

注意，抢夺产卵宝地的东阳龙安吉来了

没有谁会像父母一样在乎自己，只可惜还在蛋壳里的宝宝可能完全感觉不到！

8500 万年前，今天的中国浙江。

"嘿，我说你总应该站起来摆出点架势吧！可怕的东阳龙安吉带了很多同伴来，说不定他们看上的是我们的领地！"一只鸭嘴龙紧张地对着丈夫叫了起来。

这只鸭嘴龙没办法不紧张，现在是植食性恐龙的繁殖季节，也是恐龙们最较劲的季节。雄性恐龙总是使出浑身解数来追求一只漂亮、优雅的雌性恐龙，而雌性恐龙则要在孵蛋的时候想尽办法彰显自己的地位。

如果这只雌性恐龙只是一只瘦弱的、毫无权力的母亲，那么，很可惜，她的孩子们也不会有多少可以真正地被她孵化出来，因为他们很可能还在蛋壳里就已经成为别人肚子里的美食了。而那些强壮的或是族群的首领，才会繁衍出越来越多的后代。这听上去很残酷，但这和政治无关，而是最为自然的物竞天择的过程。除此之外，能在繁殖季节选择一块宝地，这将有助于蛋宝宝的成功孵化，对于这一点，这只鸭嘴龙深信不疑。

可是她的丈夫倒是一脸的轻松，看看他趴在地上怡然自得的样子就知道了，"别紧张兮兮的，你已经过了敏感的怀孕期，可为什么总是不能放松呢？前几天我还见过东阳龙安吉，事实上他没那么可怕。他和同伴们只喜欢在河边土质疏松的地方产卵，他们可看不上我们这里！"他说。

"好吧，我可不想跟你吵架！你最好看紧我们的蛋，我得考虑考虑对付东阳龙的办法了！"为了还没有出生的孩子们，鸭嘴龙妈妈表现得勇敢极了！

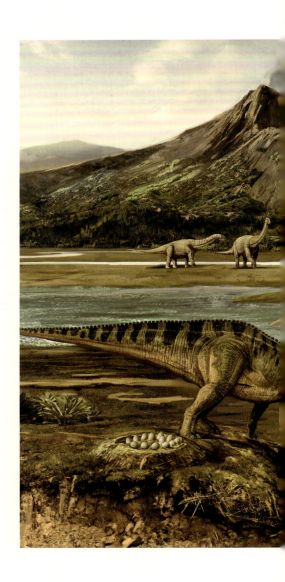

安吉家族档案
学名：*Dongyangosaurus*
中文名称：东阳龙
种类：蜥脚类
体型：体长约 16 米
食性：植食
生存年代：晚白垩世，距今约 8500 万年
化石产地：亚洲东部，中国，浙江

芬妮家族档案

学名：*Psittacosaurus sinensis*
中文名称：中国鹦鹉嘴龙
种类：角龙类
体型：体长 1.3 米
食性：植食
生存年代：早白垩世，距今 1 亿 2000 万年至 1 亿年
化石产地：亚洲东部，中国，山东

慈祥的妈妈鹦鹉嘴龙芬妮

在生命演化过程中，数量有时候决定一切，因为数量太少而导致物种灭绝的现象屡见不鲜。所以，那些能够成功繁育数量庞大的后代的物种，往往会成为某个时期的优势物种，鹦鹉嘴龙就是这样。

1亿1000万年前，今天的中国山东。

一个普通的早晨，鹦鹉嘴龙芬妮带着自己的孩子们像往常一样走出洞穴，享受清晨温暖的阳光。孩子们高兴极了，叽叽喳喳地叫个不停。他们喜欢在森林里到处散步，呼吸新鲜的空气，还有，咯吱咯吱地踩在那些松软的落叶上！

芬妮不停地清点着孩子们的数量，她可不想把哪个小不点儿弄丢了。

拥有这么多孩子对芬妮来说是件好事，这能确保她的家族很好地传承下去。

除了芬妮，其他的鹦鹉嘴龙家族的繁衍情况也非常不错。从冰天雪地的西伯利亚到炎热潮湿的中南半岛，都有他们的影子。在鹦鹉嘴龙属下，共有11个有效种，他们在广阔的亚洲东部生存了长达2000万年。

不过，数量众多的孩子有时候也会给芬妮带来些麻烦，你瞧，一个叫罗比的小不点儿不见了，芬妮不得不和其他的孩子停下来，大声地呼唤着罗比的名字。

"罗比！"

"罗比！"

产蛋的鸭嘴龙皮皮

在产蛋这件严肃而重大的事情上，即使是庞然大物——恐龙往往也会表现得极其小心谨慎。

他们通常会在仔细考量气候、环境等综合因素之后，才选择一个合适的地方产蛋。并且，他们在产蛋时会遵循特定的规则，以此来保证恐龙蛋的安全。

8500万年前，今天的中国河南。

每到产蛋时节，生活在河南西峡一带的恐龙便会成群结队来到宽阔向阳的河滩上生儿育女，这是恐龙的祖辈经过世世代代的甄选才选定的地方。

那时候，这片广阔的河滩上还生活着鳄鱼、乌龟、古鸟等生物，气候和现在中国的海南很接近。而这片产蛋的宝地可不是随便被确定下来的，因为这里阳光充足，光照时间长，并且地面相对平坦，所以才会被选中。

恐龙有很多种产蛋方式，有一类恐龙会先用爪子在地表隆起一小堆圆形的土，以此为中心，做圆周运动。她们产蛋一圈，就在蛋上盖上一层沙土，然后再在沙土上以同样方式再下一圈，再盖一层沙土，直至产完为止。

另外一类恐龙在产蛋时，会先挖一个某种形状的蛋坑，或者是长方形的，或者是其他形状的，然后再

在坑内规律地移动，将蛋产下，用沙土覆盖。有时候，她们还会在沙土上继续以同样的方式产蛋，这样就会形成多层叠加的蛋窝。

还有一类恐龙产蛋很随意，她们只要挖好一个底部较为平坦、有一定深度的坑，然后就会在坑内随意移动身体，开始产蛋。

不过不管怎么样，她们总会想方设法提高产蛋率和宝宝的孵化率的，这样才能保证家族兴旺。

你瞧，鸭嘴龙家族中的皮皮正在这块宝地上生蛋呢！

（科学家在研究了当地发现的恐龙蛋化石后，推测其中有一部分为鸭嘴龙类恐龙所产，但不能确定是哪一种鸭嘴龙。）

皮皮家族档案

学名：Hadrosauridae
中文名称：鸭嘴龙类
食性：植食
生存年代：晚白垩世
化石产地：北美洲、亚洲、欧洲

恐怖的金刚口龙瑞泽

在残酷的生存中一定要处处保持警惕，因为一不留神，自己或自己可爱的蛋宝宝就会变成掠食者可口的食物。

7000 万年前，今天的中国山东莱阳。

一条小溪把一块开阔地撕成两半，阳光正一点一点地把这条溪流中的水分带到空气中。岸上鹅掌楸那淡黄色的花朵正向空中抛洒着花香，吸引昆虫前来授粉。

一群植食性恐龙在溪边畅快地呼吸着饱含花香的湿润空气：身披甲刺、尾拖重锤的绘龙；头上长着角状头冠的青岛龙；一边享受阳光一边孵蛋的窃蛋龙……看上去，一副少有的和谐景象。

突然，一阵蹚水声打破了这一切。鹅掌楸的花香里飘来了一股血腥味，正在河边饮水的小肿头龙迅速跳回岸上，远处的谭氏龙群也躁动不安起来。

金刚口龙瑞泽出现了！

所有的恐龙都紧张起来，瑞泽可不是个好惹的家伙，他是霸王龙的亚洲近亲，这只杀手此刻正在一点点地向植食性恐龙群靠近。他观察着恐龙群中最弱小的个体，准备随时发起进攻。

窃蛋龙紧张地将身子挪了挪，以保证把自己的蛋宝宝们都藏进她的身下，她可不想让自己的孩子还没出生就领教生存的艰难。

64

瑞泽家族档案
学名：*Chingkankousaurus*
中文名称：金刚口龙
种类：霸王龙类
体型：体长约 7 米
食性：肉食
生存年代：晚白垩世
化石产地：亚洲东部，中国，山东

温柔的霸王龙琳达

　　不论多么凶残的动物，当她面对自己的孩子时，都会不自觉地流露出温柔的一面。

　　6600 万年前，今天的北美洲。

　　霸王龙琳达正带着自己的孩子们蹚过冰冷的河水。

　　琳达在教他们抵御恶劣的自然环境，这是霸王龙妈妈给孩子们上的第一堂课。

　　虽然霸王龙在整个恐龙世界"恶名远扬"，但是这并不影响琳达做一位慈爱的母亲。

　　事实上，小霸王龙非常幸运，因为他们不必像一些别的小动物那样，刚一出生就要独自生活。他们的妈妈会陪伴着他们，直到他们长大可以独自面对各种困难。

　　除此之外，霸王龙妈妈还会教给他们各种生活技能，为他们成为未来恐龙界的霸主做好充足的准备。

琳达家族档案

学名：*Tyrannosaurus*
中文名称：霸王龙
种类：暴龙类
体型：体长约 12 米，高 4 米，体重 6800 千克
食性：肉食
生存年代：晚白垩世，距今约 6800 万年至 6600 万年
化石产地：北美洲

睡美人寐龙美美

我真希望这是一张照片。

高贵而优雅的寐龙美美在黑暗的夜中安静地睡着，她均匀的气息微微拂动着鼻尖旁的树叶。她那美好的睡姿吸引了那个执掌镜头的家伙，他把焦点对准美美，然后轻轻按下了快门。闪光灯将美美笼罩在一片光影中，她那金色的羽毛更加闪闪发光，几乎将黑暗的夜都照亮了！

可这不过是我美好的幻想罢了！

1亿1500万年前，今天的中国辽宁。

当寐龙美美把后肢紧紧地蜷缩于身下，伴着午后温暖的阳光睡去的时候，她的内心一定非常平静。

她的孩子刚刚长大；她的身体很健壮；天气也不错，没有干旱也没有洪水，她完全不用为食物而发愁。生活并没有什么值得抱怨的，一切看上去都幸福极了！美美坦然地沉浸在这样安详的午睡中，或许她正在做一个非常美丽的梦。梦中的她正在告诉刚刚长大的孩子应该如何应对各种各样的困难。

可是，不远处的火山却将美美和她美好的梦境凝固在这一刻了。

没有任何征兆，火山爆发了！

滚烫的岩浆像洪水一样朝熟睡中的美美滚来，她甚至都还没有意识到危险，岩浆就已经把她吞噬了！

美美带着对孩子最深的爱，永远地睡着了，孩子们都还来不及跟她说一声再见。

美美家族档案

学名：*Mei*
中文名称：寐龙
种类：伤齿龙类
体型：体长 0.6~1 米
食性：肉食
生存年代：早白垩世
化石产地：亚洲东部，中国，辽宁

风神翼龙卡门的复仇

永远不要轻易为自己制造敌人，即使是顶级掠食者也有可能遇到更加强大的敌人，这就是风神翼龙卡门准备吞下小霸王龙时，想要对小霸王龙的父亲说的。

可她终究没那么做！

6600 万年前，今天的北美洲。

这不是一场简单的炫耀游戏，而是一场蓄谋已久的复仇计划。

风神翼龙卡门等待这一天足足等了一年。

这一年，她完全没办法忘记自己的孩子，更没办法忘记她的孩子被霸王龙吞到肚子里时，发出的惊恐的惨叫声。

这 365 天，她每晚都能听到孩子的呼唤声。

一年前的那个下午，阳光温暖而美好。

卡门带着自己的孩子在学习飞翔。

他们是一群将天空作为自己领地的家伙，而卡门就是整个天空的霸主。虽然她的孩子在刚刚出生的时候，就显示出了与众不同的气质，不过，他依旧需要通过严格的训练来成为未来的王者。

卡门带着孩子在天空中飞行了很久，飞行是他们最基本的生存技能。

即将日落，卡门和孩子才气喘吁吁地落到了森林里，准备小憩一下。

森林并不是他们常来的地方，卡门长达 12 米的翼展完全不适合在拥挤的丛林中行动。像大部分翼龙家族的成员一样，卡门把自己

的家安在了海岸边。那里不仅开阔，还有他们最爱吃的鱼。

卡门虽然是凶猛的掠食者，可是卡门并不和陆地上的恐龙争夺食物，他们之间一般不会发生什么冲突。

可是那天下午却偏偏发生了让卡门意想不到的事情。

正当卡门和孩子在森林中休息的时候，一只凶猛的霸王龙盯上了他们。

霸王龙放慢脚步，屏住呼吸从树丛后钻了出来，直奔小风神翼龙而去。等卡门反应过来的时候，霸王龙已经咬住了小风神翼龙的翅膀。

卡门想要去救自己的孩子，可是她的双翼实在是太大了，她几乎没办法在地面上正常行走。而霸王龙看到了卡门凶狠的目光，选择了速战速决。

不到一分钟的时间，霸王龙已经将小风神翼龙吞到了肚子里，随后逃之夭夭。

森林中只剩下不知所措的卡门，还有飘荡在空中的自己的孩子凄厉的叫声。

卡门用了一年的时间才慢慢地从这个阴影中走出来，在这一年中，她有无数次机会能为自己的孩子报仇，但是她都没有采取行动。

卡门经常观察那只霸王龙的生活，一直等待着他的孩子出世，卡门觉得时机到了。

卡门几乎没费什么力气就用锋利的喙咬住了小霸王龙，那个可怜的小家伙被卡门的嘴巴划出了几道血印。卡门想要迅速解决掉这个小家伙，就像当初霸王龙那样，不给她任何反击的机会。

但是，就在卡门转头望向小霸王龙的父亲时，霸王龙眼中的无助与悲痛深深地刺痛了她。卡门曾经也有过那样的表情，就在她亲眼看到自己孩子死去而无能为力的时候。

卡门不知道此刻的自己为什么完全没有复仇后的快感，而且她的心头居然还划过了一丝哀伤，不是为了小风神翼龙，而是为了正在挣扎的小霸王龙。

卡门最终将小霸王龙吐了出来，所有的一切都结束了！

是的，所有的一切！

卡门决定不再在仇恨中继续自己的生活，一切都过去了，弱肉强食，终究是她无法改变的。而她能做的，只有让自己对未来的生活充满善意而不是仇恨，这也是她曾经教育自己的孩子对待生活的态度。

卡门家族档案

学名：*Quetzalcoatlus*
中文名称：风神翼龙
种类：翼手龙类
体型：最大翼展可能超过 12 米
食性：肉食
生存年代：晚白垩世，距今 7000 万年至 6600 万年
化石产地：北美洲，美国

绝望的国王亚历克斯

他没有机会再繁衍自己的后代，因为他的家族就要走向灭亡了！他看着眼前熟悉的一切，一时无法理解一种柔弱的、新的生命，为何会有如此巨大的力量！

2亿2000万年前，今天的北美洲美国新墨西哥州，初生的恐龙已经从南美洲来到这里。

这是一个和往常没什么分别的早晨，不过当太阳升起的时候，扁肯氏兽亚历克斯感受到的不再是新一天的希望，而是深深的绝望。

他努力地张开自己坚硬的喙状嘴，让那两颗粗壮而锋利的獠牙看上去更加威猛，然而，这一切都是徒劳的，他眼中掩饰不住的惶恐与不安的四肢出卖了他。

他装作若无其事地踏过熟悉的羊齿植物，那里刻满了他无法忘却的记忆：他第一次闻到的阳光洒向叶子时，微微发甜的味道；他巨大的脚掌中把玩晶莹透亮的露珠时，痒痒的感觉；他的皮肤被可怕的波斯特鳄刺破，殷红的鲜血将叶子染红而带来的痛楚；还有他见到那只漂亮的扁肯氏兽时，内心从未有过的狂躁不安，他只听说她叫斐丽，却还没来得及向她表白……

扁肯氏兽刚刚出生不久，他的父亲就为他安排好了整个生命旅程。他是要做王的，起码是这片土地的王，这从他家族世代传承的王位中就能断定。他应该和那些可怕的波斯特鳄、亚利桑那龙、链鳄一起分享这个星球，或者，勇敢地战胜他们，占领更多的领地。

但是现在，这些都将不复存在！

当他拖着被记忆塞满的沉重的身体，再次走过这片羊齿植物时，他或许还能像往日一样感受到安静的风轻抚皮肤，闻到甜美的食物充满诱惑的召唤，看

到四处祥和，一片生机，但这都无法阻挡陌生像瀑布一般，从他的头顶倾泻而下。他已然感受到了不祥的预兆，同样漫步于此的那两只恐龙——腔骨龙和巨椎龙，将这一信息准确无误地传给了他。

恐龙来到这个世界的时间实在是太短了，亚历克斯可以把他们的历史倒背如流：2亿2000万年前，或许是一个雨夜，一只瘦小的始驰龙诞生了，他就是世界上第一只恐龙。就像亚历克斯一样，当时的巨兽们全都没把这个小不点放在眼里。但是谁都没想到，恐龙的发展那么迅速。没用多久，他们就从南美洲阿根廷的伊沙瓜拉斯托盆地扩散至北美洲，而且族群的种类和数量也在急剧上升。

现在，恐龙的身影遍布丛林，亚历克斯能清晰地感觉到他们渴望生存的强大力量。

而他自己呢，他在自己的身上只感觉到了恐惧。他感到自己的王位将在这无风无雨的季节里摇摇欲坠，而与王位一起的，是他那相对于整个演化过程来说的微不足道的生命，还有他们的整个族群。

在亚历克斯刚刚出生的时候，他的父亲就曾经告诉过他，死亡是谁都逃脱不了的终极命运！然而现在，即使是想想死亡即将到来，亚历克斯就感到了莫大的孤独与无助！

一个物种对于死亡的恐惧，总是伴生着另一个物种对于初生的喜悦。这听上去似乎很残酷，可生命就是在这样的轮回中向前推进。恐龙的出现最终断送了当时盛极一时的似哺乳爬行动物的前程。扁肯氏兽亚历克斯的王朝正像他担忧的那样，在不久之后就被恐龙取代了。

亚历克斯家族档案
学名：*Placerias*
中文名称：扁肯氏兽
种类：二齿兽类
体型：体长约3米
食物：植物
生存时间：晚三叠世，
　　　　　距今2亿2100万年至2亿1000万年
化石产地：北美洲，美国

好心情的栾川特暴龙埃德加

即使是最凶残的家伙也不会整天都板着脸，偶尔也有心情不错的时候，就像这只栾川特暴龙埃德加。

6600 万年前，今天的中国河南。

丰润的雨季带来的不仅是甘甜的雨水，还有历经 9 个月的干旱后，生命复苏的希望。

干枯的树枝上冒出了水嫩新鲜的苔藓，在地下潜伏了一整个旱季的蕨类重新换上了新装，干涸的池塘又添满了雨水，清凉的水面没过了中原龙阿甲的脚面，一切都是幸福的开始！

空气中飘荡着水汽独特的香味，那是混杂了高大乔木、低矮灌木以及青涩的泥土的湿润而清新的味道。

轻盈透亮的水面在微风的吹动下，四下摇曳着，像是挂在屋檐下的银色风铃在随风摆动。阿甲轻轻地将脚伸进水里，不想打扰它的平静。那些晶莹剔透的家伙还带着旱季特有的温度，温暖而柔滑，轻轻地从阿甲的脚趾缝中滑过，就像阿甲最喜欢的那片蕨类丛钻到了他脚下一样，舒服极了！

栾川盗龙、许多巨大的蜥脚类恐龙还有鸟类也赶来了，他们一定是被那特殊的味道吸引，欢天喜地地在池塘边饮水沐浴。水中细碎的银光随着水流的碰撞，在阳光中时而呈现出如玉般的青翠，时而又如玛瑙般剔透。

栾川特暴龙埃德加在树丛中看着这一切，他没有发出习惯性的嘶吼，相反，他居然露出了一个可爱的微笑。此时，在埃德加眼中，那些嬉戏的小家伙并不是美味的食物，而是生命的开始！他喜欢这种四处充满旺盛生命力的状态，他怎么能忍心残暴地破坏这个温馨的画面呢！

埃德加家族档案

学名：*Tarbosaurus*
中文名称：特暴龙
种类：暴龙类
体型：体长约 10 米
食性：肉食
生存年代：晚白垩世，距今约 7000 万年至 6600 万年
化石产地：亚洲东部，中国，河南

守卫领土的沱江龙克劳迪亚

　　虽然 1 亿 6000 万年前并没有什么房地产业，可是领地对一个族群来说仍然象征着威望、权力，以及最重要的——家族的存亡。如果领地被侵占，即便拥有最优秀的繁衍能力，家族成员也无法顺利地存活。因此，扩大，或至少是守卫自己的领地，是每个族群成员义不容辞的责任。在这项任务的执行中，沱江龙克劳迪亚异常敬业。

　　1 亿 6000 万年前，今天的中国四川。

　　天气还是那样燥热，讨厌的沙尘飘浮在空气中，令人窒息。不过，沱江龙克劳迪亚还是出发了，他必须要尽职尽责地完成今天的任务，这对于他们的族群来说至关重要。

　　咚，咚，咚，克劳迪亚沉重的脚步几乎要把整个森林的树木震倒，把大地踩碎。他背上成排凸起的骨板和尾巴上那四根锋利的尖刺，在警告着那些藏在远处窥视着他的家伙们，不要轻易地靠近他。

　　当然，在这里生活的动物们，包括那些凶猛的肉食性恐龙，都明白这一点——克劳迪亚并不是好对付的家伙，他发起脾气来，甚至能将可怕的异特龙打败。

　　那么克劳迪亚究竟在执行什么重要的任务呢？实际上，他正在标记自己族群的领地。

　　领地对于任何一个族群都有着毋庸置疑的意义。它代表着族群的地位、食物拥有状况，乃至整个族群的生存概率。每个族群的国王们每年都会主动向临近的族群挑起几场战争，在那些残酷的争斗中，他们或许可以获得更大的领地。这些领地可以为他们提供更为丰腴的食

物、水源以及更多成员的栖息场所，没有谁不懂得这些。

各个族群总是以叫声、味道或者其他什么东西来区分自己的领地，在和平的情况下，各族成员会严格遵守领地的界限，对于别族的领地表现出高度的尊重。但是，谁也不会因此而放松警惕，因为总是会有一些试图破坏规则或者野心勃勃的家伙。

所以，尽管天气如此炎热，克劳迪亚也必须兢兢业业地在领地内巡逻。因为他知道，如果现在选择躲在阴凉下偷懒，那么在不久的将来他和整个族群将有可能面临无家可归的窘境。

看来，拥有一处温暖的家园，从来都不是一件易事！

克劳迪亚家族档案

学名：*Tuojiangosaurus*
中文名称：沱江龙
种类：剑龙类
体型：体长 7.5 米，高 2 米，体重约 3000 千克
食性：植食
生存年代：晚侏罗世，距今 1 亿 6000 万年
化石产地：亚洲东部，中国，四川

幸福的马门溪龙尔玛

家总是最温暖的港湾，哪怕再强大，也总会需要在这个港湾中休息放松，体长超过 20 米的马门溪龙也不例外。

1 亿 5000 万年前，今天的中国四川。

毒辣的太阳渐渐远去了，波涛一般的朱红色缓缓地从地平线上升起，就像是一块珍藏了多年的名贵丝绸，在天空中慢慢摊开，调动着所有期待者的胃口。随着丝绸的打开，原本呈现在大家眼中的颜色变得丰富起来，朱红、酱紫、淡蓝，层层叠叠地堆砌在面前，浓重而艳丽！

在如此斑斓的色彩中，让一切都变得既柔和又坚固，就连十几千米之上的那一大块积雨云看起来也仿佛是悬浮在空气之中的巨大果冻。

一个雨夜即将来临，而喧闹了一天的丛林很快就将安静下来。

大部分动物都走在回家的路上，他们憧憬着巢穴的温暖，希望与父母、爱人或孩子分享一天的经历。

这是动物们最快乐的时刻，就连他们的脚步也显得轻松起来。他们满载着一天的战果，将与亲人度过一个难忘的夜晚。

当然，马门溪龙尔玛也不例外。

现在，她正在赶回家。

尔玛通过空气中饱含的水分就能感觉到这将是一个雨夜，不过，她的脚步并不焦急。连续几晚的降雨为她带来了好运，森林里的树叶快速生长着，鲜嫩的树叶四处散发着诱人的香气。

现在，尔玛的肚子饱饱的，她心满意足地迈着轻盈的步伐向家走去，若是不小心赶上几滴调皮的雨点，她也完全不会在意。

在尔玛的身旁，围绕着一群翼龙，他们已经找到了免费客栈——尔玛的背。在侏罗纪，像尔玛这种大型动物因为平坦的背部和较高的体温，往往会成为翼龙这类动物的天然温床。除了歇脚，如果大雨来临，翼龙们还可以躲到尔玛的腹部下面，这样他们美丽的绒毛就不会被弄湿了！

尔玛家族档案

学名：*Mamenchisaurus*
中文名称：马门溪龙
种类：蜥脚类
体型：体长约 22 米，高约 3.5 米
食性：植食
生存年代：晚侏罗世
化石产地：亚洲东部，中国，四川、新疆等

索 引

本系列作品创作时参考文献

在此鸣谢每一位科学家，感谢他们为人类文明进步所做出的贡献。

参考论文：

1, Lu Junchang; Yoichi Azuma; Chen Rongjun; Zheng Wenjie; Jin Xingsheng (2008). "A new titanosauriform sauropod from the early Late Cretaceous of Dongyang, Zhejiang Province". *Acta Geologica Sinica (English Edition)*

2, You Hai-Lu; Tanque Kyo; Dodson Peter (2010). "A new species of *Archaeoceratops* (Dinosauria:Neoceratopsia) from the Early Cretaceous of the Mazongshan area, northwestern China"

3, Xing, X., Zhou, Z., Wang, X., Kuang, X., Zhang, F., and Du, X. (2003). "Four-winged dinosaurs from China." *Nature*

4, Norell, Mark, Ji, Qiang, Gao, Keqin, Yuan, Chongxi, Zhao, Yibin, Wang, Lixia. (2002). "'Modern' feathers on a non-avian dinosaur". *Nature*

5, Xu, X. and Norell, M.A. (2006). "Non-Avian dinosaur fossils from the Lower Cretaceous Jehol Group of western Liaoning, China."*Geological Journal*

6, Galton, Peter M.; Sues, Hans-Dieter (1983). "New data on pachycephalosaurid dinosaurs (Reptilia: Ornithischia) from North America". *Canadian Journal of Earth Sciences*

7, Evans, D. C.; Schott, R. K.; Larson, D. W.; Brown, C. M.; Ryan, M. J. (2013). "The oldest North American pachycephalosaurid and the hidden diversity of small-bodied ornithischian dinosaurs". *Nature Communications*

8, Jin, F., Zhang, F.C., Li, Z.H., Zhang, J.Y., Li, C. and Zhou, Z.H. (2008). "On the horizon of *Protopteryx* and the early vertebrate fossil assemblages of the Jehol Biota." *Chinese Science Bulletin*

9, Ji S., and Ji, Q. (2007). "*Jinfengopteryx* compared to *Archaeopteryx*, with comments on the mosaic evolution of long-tailed avialan birds." *Acta Geologica Sinica*(English Edition)

10, Xu, X.; Tan, Q.; Wang, J.; Zhao, X.; Tan, L. (2007). "A gigantic bird-like dinosaur from the Late Cretaceous of China". *Nature*

11, Ryan, M.J. (2007). "A new basal centrosaurine ceratopsid from the Oldman Formation, southeastern Alberta". *Journal of Paleontology*

12, Ryan, M.J.; A.P. Russell (2005). "A new centrosaurine ceratopsid from the Oldman Formation of Alberta and its implications for centrosaurine taxonomy and systematics". *Canadian Journal of Earth Sciences*

13, Zheng, Xiao-Ting; You, Hai-Lu; Xu, Xing; Dong, Zhi-Ming (19 March 2009). "An Early Cretaceous heterodontosaurid dinosaur with filamentous integumentary structures". *Nature*

14, Xu, Xing; Zheng Xiao-ting; You, Hai-lu (20 January 2009). "A new feather type in a nonavian theropod and the early evolution of feathers".

Proceedings of the National Academy of Sciences (Philadelphia)

15, Schweitzer, Mary H.; Wittmeyer, Jennifer L.; Horner, John R.; Toporski, Jan K. (March 2005)."Soft-tissue vessels and cellular preservation in *Tyrannosaurus rex*". *Science*

16, Brochu, C.R. (2003). "Osteology of *Tyrannosaurus rex*: insights from a nearly complete skeleton and high-resolution computed tomographic analysis of the skull". *Society of Vertebrate Paleontology Memoirs*

17, Farrier, John. "Scientists: The Quetzalcoatlus Pterosaur Could Probably Fly for 7-10 Days at a Time". *Neotorama*

18, Lawson, D. A. (1975). "Pterosaur from the Latest Cretaceous of West Texas. Discovery of the Largest Flying Creature." *Science*

19, Lehman, T. and Langston, W. Jr. (1996). "Habitat and behavior of *Quetzalcoatlus*: paleoenvironmental reconstruction of the Javelina Formation (Upper Cretaceous), Big Bend National Park, Texas", *Journal of Vertebrate Paleontology*

20, Mark P. Witton, Pterosaurus: Natural History, Evolution, Anatomy, 2013, Princeton University Press

21, Brusatte, S. L., Hone, D. W. E., and Xu, X. In press. "Phylogenetic revision of *Chingkankousaurus fragilis*, a forgotten tyrannosauroid specimen from the Late Cretaceous of China." In: J.M. Parrish, R.E. Molnar, P.J. Currie, and E.B. Koppelhus (eds.), *Tyrannosaur! Studies in Tyrannosaurid Paleobiology*

22, Xu Xing, Forster, Catherine A., Clark, James M. & Mo Jinyou. (2006). A basal ceratopsian with transitional features from the Late Jurassic of northwestern China. *Proceedings of the Royal Society of London: Biological Sciences*.

23, Meng Qingjin, Liu Jinyuan, Varrichio, David J., Huang, Timothy & Gao Chunling. (2004). Parental care in an ornithischian dinosaur. *Nature*

24, Russell, D.A., Zheng, Z. (1993). "A large mamenchisaurid from the Junggar Basin, xinjiang, People Republic of China." *Canadian Journal of Earth Sciences*

25, Maleev, Evgeny A. (1955). "New carnivorous dinosaurs from the Upper Cretaceous of Mongolia." (PDF). *Doklady Akademii Nauk SSSR* (in Russian)

26, Xu Xing, X; Norell, Mark A.; Kuang Xuewen; Wang Xiaolin; Zhao Qi; and Jia Chengkai (2004). "Basal tyrannosauroids from China and evidence for protofeathers in tyrannosauroids". *Nature*

27, Z. Dong, X. Li, S. Zhou and Y. Zhang, 1977, "On the stegosaurian remains from Zigong (Tzekung), Szechuan province", *Vertebrata PalAsiatica*

28, Zhang, Fucheng; Zhou, Zhonghe; Xu, Xing; Wang, Xiaolin and Sullivan, Corwin. "A bizarre Jurassic maniraptoran from China with elongate ribbon-like feathers". *Nature*

29, Welles, S. P. (1954). "New Jurassic dinosaur from the Kayenta formation of Arizona". *Bulletin of the Geological Society of America*

30, Chen, P.; Dong, Z.; and Zhen, S. (1998). "An exceptionally well-preserved theropod dinosaur from the Yixian Formation of China". *Nature*

31, Perle, A., Norell, M.A., and Clark, J. (1999). "A new maniraptoran theropod - *Achillobator giganticus* (Dromaeosauridae) - from the Upper Cretaceous of Burkhant, Mongolia." *Contributions of the Mongolian-American Paleontological Project*

32, P. Godefroit, P. J. Currie, H. Li, C. Y. Shang, and Z.-M. Dong. 2008." A new species of Velociraptor (Dinosauria: Dromaeosauridae) from the Upper Cretaceous of northern China". *Journal of Vertebrate Paleontology*

33, J.W. Hulke, 1887, "Note on some dinosaurian remains in the collection of A. Leeds, Esq, of Eyebury, Northamptonshire", *Quarterly Journal of the Geological Society*

34, N. R. Longrich and P. J. Currie. 2009. "A microraptorine (Dinosauria–Dromaeosauridae) from the Late Cretaceous of North America". *Proceedings of the National Academy of Sciences*

35, Makovicky, J.A., Apesteguía, S., and Agnolín, F.L. (2005). "The earliest dromaeosaurid theropod from South America." *Nature*

36, Jerzykiewicz, T. and Russell, D.A. (1991). "Late Mesozoic stratigraphy and vertebrates of the Gobi Basin." *Cretaceous Research*

37, Buffetaut, E. and Morel, N., 2009, "A stegosaur vertebra (Dinosauria: Ornithischia) from the Callovian (Middle Jurassic) of Sarthe, western France", *Comptes Rendus Palevol*

38, Maidment, Susannah C.R.; Norman, David B.; Barrett, Paul M.; Upchurch, Paul (2008). "Systematics and phylogeny of Stegosauria (Dinosauria: Ornithischia)" *Journal of Systematic Palaeontolog*

39, Turner, C.E. and Peterson, F. (2004). "Reconstruction of the Upper Jurassic Morrison Formation extinct ecosystem—a synthesis" .*Sedimentary Geology*

40, Harris, J.D. (2006). "The significance of *Suuwassea emiliae* (Dinosauria: Sauropoda) for flagellicaudatan intrarelationships and evolution". *Journal of Systematic Palaeontology*

41, Wilson, J. A. (2002). "Sauropod dinosaur phylogeny: critique and cladistica analysis". *Zoological Journal of the Linnean Society*

42, Upchurch, P et al. (2000). "Neck Posture of Sauropod Dinosaurs" . *Science*

43, Taylor, M.P., Wedel, M.J., and Naish, D. (2009). "Head and neck posture in sauropod dinosaurs inferred from extant animals". *Acta Palaeontologica Polonica*

44, Grellet-Tinner, Chiappe, & Coria (2004). "Eggs of titanosaurid sauropods from the Upper Cretaceous of Auca Mahuevo (Argentina)". *Canadian Journal of Earth Science*

45, Norell, Mark A.; Makovicky, Peter J. (1997). "Important features of the dromaeosaur skeleton: information from a new specimen". *American Museum Novitates*

46, Schmitz, L.; Motani, R. (2011). "Nocturnality in Dinosaurs Inferred from Scleral Ring and Orbit Morphology". *Science*

47, Jerzykiewicz, Tomasz; Currie, Philip J.; Eberth, David A.; Johnston, P.A.; Koster, E.H.; Zheng, J.-J. (1993). "Djadokhta Formation correlative strata in Chinese Inner Mongolia: an overview of the stratigraphy, sedimentary geology, and paleontology and comparisons with the type locality in the pre-Altai Gobi". *Canadian Journal of Earth Sciences*

48, Sander, P. M.; Mateus, O. V.; Laven, T.; Knötschke, N. (2006-06-08). "Bone histology indicates insular dwarfism in a new Late Jurassic sauropod dinosaur". *Nature*

49, D'Emic, M. D. (2012). "The early evolution of titanosauriform sauropod dinosaurs". *Zoological Journal of the Linnean Society*

50, Weishampel, D., Norman, D. B. et Grigorescu, D. 1993. "*Telmatosaurus transsylvanicus* from the Late Cretaceous of Romania: the most basal hadrosaurid dinosaur" .*Palaeontology*

51, Marpmann, J. S.; Carballido, J. L.; Sander, P. M.; Knötschke, N. (2014-03-27). "Cranial anatomy of the Late Jurassic dwarf sauropod Europasaurus *holgeri* (Dinosauria, Camarasauromorpha): Ontogenetic changes and size dimorphism". *Journal of Systematic Palaeontology*

52, Stokes, William J. (1945). "A new quarry for Jurassic dinosaurs". *Science*

53, Loewen, Mark A. (2003). "Morphology, taxonomy, and stratigraphy of *Allosaurus* from the Upper Jurassic Morrison Formation". *Journal of Vertebrate Paleontology*

54, Zheng, Xiaoting; Xu, Xing; You, Hailu; Zhao, Qi; Dong, Zhiming (2010). "A short-armed dromaeosaurid from the Jehol Group of China with implications for early dromaeosaurid evolution". *Proceedings of the Royal Society B*

55, Zhou, Z. (2006). "Evolutionary radiation of the Jehol Biota: chronological and ecological perspectives". *Geological Journal*

56, Xu, X.; Zhou, Z.-H.; Wang, X.-L.; Kuang, X.-W.; Zhang, F.-C.; Du, X.-K. (2003). "Four-winged dinosaurs from China". *Nature*

57, Nicholls, Elizabeth L.; Manabe, Makoto (2004). "Giant Ichthyosaurs of the Triassic—A New Species of Shonisaurus from the Pardonet Formation (Norian: Late Triassic) of British Columbia". *Journal of Vertebrate Paleontology*

58, Longrich, N.R. and Currie, P.J. (2009). "A microraptorine (Dinosauria–Dromaeosauridae) from the Late Cretaceous of North America." *Proceedings of the National Academy of Sciences*

59, H.-D. Sues, 1978, "A new small theropod dinosaur from the Judith River Formation (Campanian) of Alberta Canada", *Zoological Journal of the Linnean Society*

60, Carrano, M.T.; D'Emic, M.D. (2015). "Osteoderms of the titanosaur sauropod dinosaur *Alamosaurus sanjuanensis* Gilmore, 1922". *Journal of Vertebrate Paleontology*

61, Fowler, D. W.; Sullivan, R. M. (2011). "The First Giant Titanosaurian Sauropod from the Upper Cretaceous of North America". *Acta Palaeontologica Polonica*

62, Anderson, JF; Hall-Martin, AJ; Russell, Dale(1985). "Long bone circumference and weight in mammals, birds and dinosaurs". *Journal of Zoology*

63, Gasparini, Z. Martin, J. E., and Fernández M. 2003. "The elasmosaurid plesiosaur *Aristonectes* Cabrera from the latest Cretaceous of South America and Antarctica". *Journal of Vertebrate Paleontology*

64, Carpenter, K. 1999. "Revision of North American elasmosaurs from the Cretaceous of the western interior". *Paludicola*

65, D'Emic, M.D. and B.Z. Foreman, B.Z. (2012). "The beginning of the sauropod dinosaur hiatus in North America: insights from the Lower Cretaceous Cloverly Formation of Wyoming." *Journal of Vertebrate Paleontology*

66, Fernández M. 2007. Redescription and phylogenetic position of *Caypullisaurus* (Ichthyosauria: Ophthalmosauridae). *Journal of Paleontology*

67，Currie, Philip J. (1995). "New information on the anatomy and relationships of *Dromaeosaurus albertensis* (Dinosauria: Theropoda)". *Journal of Vertebrate Paleontology*

68，Longrich, N.R.; Currie, P.J. (2009). "A microraptorine (Dinosauria–Dromaeosauridae) from the Late Cretaceous of North America". *PNAS*

69，Xu X., Clark, J.M., Forster, C. A., Norell, M.A., Erickson, G.M., Eberth, D.A., Jia, C., and Zhao, Q. (2006). "A basal tyrannosauroid dinosaur from the Late Jurassic of China". *Nature*

70，Martill, D. M.; Cruickshank, A. R. I.; Frey, E.; Small, P. G.; Clarke, M. (1996). "A new crested maniraptoran dinosaur from the Santana Formation (Lower Cretaceous) of Brazil". *Journal of the Geological Society*

71，Li,C., Rieppel, O.,LaBarbera, M.C. (2004) "A Triassic Aquatic Protorosaur with an Extremely Long Neck ", *Science*

72，Sander, P. M., and N. Klein (2005). "Developmental plasticity in the life history of a prosauropod dinosaur". *Science*

73，Dodson, P., Behrensmeyer, A.K., Bakker, R.T., and McIntosh, J.S. (1980). "Taphonomy and paleoecology of the dinosaur beds of the Jurassic Morrison Formation". *Paleobiology*

74，Bonnan, M. F. (2003). "The evolution of manus shape in sauropod dinosaurs: implications for functional morphology, forelimb orientation, and phylogeny" . *Journal of Vertebrate Paleontology*

75，Lü, J.-C.; Xu, L.; Zhang, X.-L.; Ji, Q.; Jia, S.-H.; Hu, W.-Y.; Zhang, J.-M.; Wu, Y.-H. (2007). "New dromaeosaurid dinosaur from the Late Cretaceous Qiupa Formation of Luanchuan area, western Henan, China". *Geological Bulletin of China*

76，Wang, X., Zhou, Z., Zhang, F., and Xu, X. (2002). "A nearly completely articulated rhamphorhynchoid pterosaur with exceptionally well-preserved wing membranes and 'hairs' from Inner Mongolia, northeast China." *Chinese Science Bulletin*

77，Peters, D. (2003). "The Chinese vampire and other overlooked pterosaur ptreasures." *Journal of Vertebrate Paleontology*

78，Wang, X., Kellner, A.W.A., Zhou, Z., and Campos, D.A. (2008). "Discovery of a rare arboreal forest-dwelling flying reptile (Pterosauria, Pterodactyloidea) from China." *Proceedings of the National Academy of Sciences*

79，Jouve, S. (2004). "Description of the skull of a Ctenochasma (Pterosauria) from the latest Jurassic of eastern France, with a taxonomic revision of European Tithonian Pterodactyloidea". *Journal of Vertebrate Paleontology*

80，Andres, B.; Clark, J.; Xu, X. (2014). "The Earliest Pterodactyloid and the Origin of the Group". *Current Biology*

81，Wang X.; Kellner, A. W. A.; Jiang S.; Meng X. (2009). "An unusual long-tailed pterosaur with elongated neck from western Liaoning of China". *Anais da Academia Brasileira de Ciências*

82，Meng, J., Hu, Y., Wang, Y., Wang, X., Li, C. (Dec 2006). "A Mesozoic gliding mammal from northeastern China". *Nature*

83，Leandro C. Gaetano and Guillermo W. Rougier (2011). "New materials of *Argentoconodon fariasorum* (Mammaliaformes, Triconodontidae) from the Jurassic of Argentina and its bearing on triconodont phylogeny". *Journal of Vertebrate Paleontology*

84，Zhe-Xi Luo (2007). "Transformation and diversification in early mammal evolution". *Nature*

85，Forster, Catherine A.; Sampson, Scott D.; Chiappe, Luis M. & Krause, David W. (1998a). "The Theropod Ancestry of Birds: New Evidence from the Late Cretaceous of Madagascar". *Science*

86，Turner, Alan H.; Pol, Diego; Clarke, Julia A.; Erickson, Gregory M.; and Norell, Mark (2007). "A basal dromaeosaurid and size evolution preceding avian flight" (PDF). *Science*

87，Andres, B.; Clark, J.; Xu, X. (2014). "The Earliest Pterodactyloid and the Origin of the Group". *Current Biology*

88，Dalla Vecchia, F.M. (2009). "Anatomy and systematics of the pterosaur *Carniadactylus* (gen. n.) *rosenfeldi* (Dalla Vecchia, 1995)." *Rivista Italiana de Paleontologia e Stratigrafia*

89，Ösi, Attila; Weishampel, David B.; Jianu, Coralia M. (2005). "First evidence of azhdarchid pterosaurs from the Late Cretaceous of Hungary" . *Acta Palaeontologica Polonica*

90，Norell, M.A.; Clark, J.M.; Turner, A.H.; Makovicky, P.J.; Barsbold, R.; Rowe, T. (2006). "A new dromaeosaurid theropod from Ukhaa Tolgod (Ömnögov, Mongolia)". *American Museum Novitates*

91，Aaron R.H. Leblanc, Michael W. Caldwell & Nathalie Bardet (2012). "A new mosasaurine from the Maastrichtian (Upper Cretaceous) phosphates of Morocco and its implications for mosasaurine systematics". *Journal of Vertebrate Paleontology*

92，Persson, P.O., 1960, "Lower Cretaceous Plesiosaurians (Reptilia) from Australia", *Lunds Universitets Arsskrift*

93，Coombs, Walter P. (December 1978). "Theoretical Aspects of Cursorial Adaptations in Dinosaurs". *The Quarterly Review of Biology*

94，Gianechini, F.A.; Apesteguía, S.; Makovicky, P.J (2009). "The unusual dentiton of *Buitreraptor* gonzalezorum (Theropoda: Dromaeosauridae), from Patagonia, Argentina: new insights on the unenlagine teeth". *Ameghiniana*

95，Hu, D.; Hou, L.; Zhang, L. & Xu, X. (2009), "A pre-*Archaeopteryx* troodontid theropod from China with long feathers on the metatarsus", *Nature*

96，Longrich, N.R., Sankey, J. and Tanke, D. (2010). "*Texacephale langstoni*, a new genus of pachycephalosaurid (Dinosauria: Ornithischia) from the upper Campanian Aguja Formation, southern Texas, USA." *Cretaceous Research*

97，Agnolin, F. L.; Ezcurra, M. D.; Pais, D. F.; Salisbury, S. W. (2010). "A reappraisal of the Cretaceous non-avian dinosaur faunas from Australia and New Zealand: Evidence for their Gondwanan affinities". *Journal of Systematic Palaeontology*

98，Elizabeth L. Nicholls, Chen Wei, Makoto Manabe , "New Material of *Qianichthyosaurus* Li, 1999 (Reptilia, Ichthyosauria) from the late Triassic of southern China, and Implications for the Distribution of Triassic Ichthyosaurs."

99，X. Wang, G. H. Bachmann, H. Hagdorn, P. M. Sanders, G. Cuny, X. Chen, C. Wang, L. Chen, L. Cheng, F. Meng, and G. Xu. 2008. The Late Triassic black shales of the Guanling area, Guizhou province, south-west China: a unique marine reptile and pelagic crinoid fossil lagerstätte. *Palaeontology*

110，Williston S. W. (1890b). "A New Plesiosaur from the Niobrara Cretaceous of Kansas". *Transactions of the Annual Meetings of the Kansas Academy of Scienc*

111，Williston S. W. (1906). "North American plesiosaurs: *Elasmosaurus,Cimoliasaurus,* and *Polycotylus*". *American Journal of Science Series*

112，Bonde, N.; Christiansen, P. (2003). "New dinosaurs from Denmark". *Comptes Rendus Palevol*

113，Lindgren, J.; Currie, P. J.; Rees, J.; Siverson, M.; Lindström, S.; Alwmark, C. (2008). "Theropod dinosaur teeth from the lowermost Cretaceous Rabekke Formation on Bornholm, Denmark". *Geobios*

114, Sereno, P.C.; Beck, A.L.; Dutheil, D.B.; Gado, B.; Larsson, H.C.E.; Lyon, G.H.; Marcot, J.D.; Rauhut, O.W.M.; Sadleir, R.W.; Sidor, C.A.; Varricchio, D.D.; Wilson, G.P; and Wilson, J.A. (1998). "A long-snouted predatory dinosaur from Africa and the evolution of spinosaurids". *Science*

115, Carballido, J.L.; Marpmann, J.S.; Schwarz-Wings, D.; Pabst, B. (2012). "New information on a juvenile sauropod specimen from the Morrison Formation and the reassessment of its systematic position". *Palaeontology*

116, Marsh, O.C. (1881). "Note on American pterodactyls." *American Journal of Science*

117, Urner, Alan H.; Pol, D., Clarke, J.A., Erickson, G.M. and Norell, M. (2007). "A basal dromaeosaurid and size evolution preceding avian flight". *Science*

118, Prum, R.; Brush, A.H. (2002). "The evolutionary origin and diversification of feathers". *The Quarterly Review of Biology*

119, Brochu, C.R. (2003). "Osteology of Tyrannosaurus rex: insights from a nearly complete skeleton and high-resolution computed tomographic analysis of the skull". *Society of Vertebrate Paleontology Memoirs*

120, Olshevsky, G., 2000, *An annotated checklist of dinosaur species by continent. Mesozoic Meanderings*

121, Ji, S., Ji, Q., Lu J., and Yuan, C. (2007). "A new giant compsognathid dinosaur with long filamentous integuments from Lower Cretaceous of Northeastern China." *Acta Geologica Sinica*

122, Zhao, X.; Li, D.; Han, G.; Zhao, H.; Liu, F.; Li, L. & Fang, X. (2007). "*Zuchengosaurus maximus* from Shandong Province". *Acta Geoscientia Sinica*

123 Xu, X., Wang, K., Zhao, X. & Li, D. (2010). "First ceratopsid dinosaur from China and its biogeographical implications". *Chinese Science Bulletin*

124, Fiorillo, A. R.; Tykoski, R. S. (2012). "A new Maastrichtian species of the centrosaurine ceratopsid *Pachyrhinosaurus* from the North Slope of Alaska". *Acta Palaeontologica Polonica*

参考书目：

1, Manyuan Long. Hongya Gu. Zhonghe Zhou. *Darwin's Heritage Today：Proceedings of the Darwin 200 Beijing International Con* ．2010. 高等教育出版社

2, Roy Chapman Andrews. On The Trail of Ancient Man. Published by G.P.Putnam's Sons. 1926. New York

3, David B. Weishampel. Peter Dodson. Halazka Osmolska. The Dinosauria. 2007. University of California Press

4, Li JingLing. Wu XiaoChun. Zhang FuCheng. *The Chinese Fossil Reptiles and Their Kin*. 2008. Science Press, BeiJing,

5, ManYuan Long. HongYa Gu. ZhongHe Zhou. Darwin's Heritage Today：Proceedings of The Darwin 200 Beijing International Con. 2010. Higher Education Press

6, Mee-Mann Chang. Pei-Ji Chen. Yuan-Qing Wang. Yuan Wang" The Jehol Fossils" The Emergence of Feathered Dinosaurs. Beaked Birds and Flowering Plants. 2008. Academic Press

7, Michale Foote, Arnold I.Miller,《古生物学原理》, 2013, 科学出版社

杨杨和赵闯的恐龙物语
（第一辑）

没有谁愿意孤独一生

下一站也许更美好

你相信有免费的晚餐吗？

战争没有胜利者

作者信息　About the author

与绘画作者交流　Contact the artist

E-Mail: zc@pnso.org

赵 闯

科学艺术家。
啄木鸟科学艺术小组创始人之一。

ZHAO Chuang
science artist
Zhao is one of the founders of PNSO.

如果你对本书中绘画作品感兴趣
可以微信扫描二维码与赵闯成为朋友

If you are interested in the paintings in the book
Scan the code to get in touch with ZHAO Chuang

　　2010 年，赵闯和科学童话作家杨杨共同发起的"重述地球"科学艺术研究与创作项目，计划以 20 年的时间完成第一阶段任务。目前，该项目中以赵闯担任主创的视觉作品多次发表在《自然》《科学》《细胞》等全球顶尖科学期刊上，并且与美国自然历史博物馆、芝加哥大学、中国科学院、北京大学、中国地质科学院等研究机构的数十位科学家长期合作，为他们正在进行的研究项目提供科学艺术支持。

　　2015 年，赵闯与科学童话作家杨杨以"重述地球"项目作品为核心内容，创办青少年科学艺术期刊《恐龙大王》和《我有一只霸王龙》。

　　In 2010, together with Science Fairy Tale Writer YANG Yang, ZHAO has initiated the science art research project *Restatement of the Earth*. The 1st phase of the project seeks to be accomplished in 20 years. Working as the lead artist, ZHAO Chuang's artworks have been published in the lead science magazines such as *Nature, Science* and *Cell*.

　　ZHAO Chuang is now collaborating with dozens of leading scientists from research institutions such as the American Museum of Natural History, Chicago University, China Academy of Science, China Academy of Geological Science and Beijing Natural History Museum; working on their paleontology research projects and providing artistic support in their fossil restoration works.

　　In 2015, base on the core content of the project Restatement of the Earth, ZHAO Chuang and YANG Yang have started the 2 science art magazines for young children and adolescents: *Dinosaur Stars and I Have a T-Rex*.

与文字作者交流　Contact the author

E-Mail: yy@pnso.org

杨 杨

科学童话作家。
啄木鸟科学艺术小组创始人之一。

YANG Yang
Science Fairy Tale Writer
YANG is one of the founders of PNSO.

如果你对本书中文字作品感兴趣
可以微信扫描二维码与杨杨成为朋友

If you are interested in the articles in the book
Scan the code to get in touch with YANG Yang

　　2010 年，杨杨和科学艺术家赵闯共同发起的"重述地球"科学艺术研究与创作项目，计划以 20 年的时间完成第一阶段任务。目前，该项目中以杨杨担任主创的文字作品已经结集完成数十部图书，其中超过 35 种作品荣获了国家级和省部级奖项，获得了"国家动漫精品工程""三个一百原创图书""面向青少年推荐的一百种优秀图书"等荣誉，也取得了"国家出版基金"等政策支持。

　　2015 年，杨杨和科学艺术家赵闯以"重述地球"项目作品为核心内容，创办青少年科学艺术期刊《恐龙大王》和《我有一只霸王龙》。

　　In 2010, together with science artist ZHAO Chuang, YANG Yang has initiated the science art research project *Restatement of the Earth*. The 1st phase of the project seeks to be accomplished in 20 years. Working as the lead editor and author, YANG Yang has completed dozens of books, supported and funded by the National Publication Foundation, 35 of which have been awarded the national and provincial prices. The awards include *the National Animation Epic Project Award, the 3x100 Award of Original Publications, the 100 Outstanding Books Recommendation for National Adolescents*.

　　In 2015, base on the core content of the project Restatement of the Earth, YANG Yang and ZHAO Chuang have started the 2 science art magazines for young children and adolescents: *Dinosaur Stars* and *I Have a T-Rex*.

相关信息　Publication information

与更多本书读者交流　Contact other readers

微信扫描二维码
关注本书会员期刊
《PNSO 恐龙大王》

Scan the Code in WeChat
to follow our official account:
PNSO Dinosaur Stars

本书内容来源　Source of the contents

Restatement of the Earth
重述地球

A Science Art Creative Programme by PNSO
来自啄木鸟科学艺术小组的创作

Project Darwin
nature science art project

注：近年来，人类在古生物学领域的研究日新月异，几乎每年都有多项重大成果发表，科学家不断地通过新的证据推翻过去的观点，考虑到科普图书的严肃性，本书所涉及的知识均为大多数科学家认可的主流观点。我们计划每两年对本书做一次修订，将本领域全球顶尖科学家最新的研究成果进行吸纳。

Acknowledgement:
The development and research results in the paleontological academic realm are rapidly updating in recent years, scientists are reviewing their past results base on newly found evidences. The contents in this popular science book are based on the main stream science publication, which were proved and acknowledged by majority of scientists. To ensure the quality and seriousness of the contents, we plan to constantly refer to the latest research results from global scientists in relative realms, and revise the contents biennially.

版权信息　Copyright

图书在版编目（CIP）数据

没有谁愿意孤独一生 / 杨杨，赵闯编著 . -- 长春：吉林出版集团有限责任公司，2015.6
（杨杨和赵闯的恐龙物语）
ISBN 978-7-5534-7405-2

Ⅰ . ①没… Ⅱ . ①杨… ②赵… Ⅲ . ①恐龙－青少年读物 Ⅳ . ① Q915.864-49

中国版本图书馆 CIP 数据核字 (2015) 第 093940 号

杨杨和赵闯的恐龙物语
没有人愿意孤独一生（精装版）

文字作者：杨　杨
绘画作者：赵　闯
出版人：齐　郁
选题策划：齐　郁
责任编辑：陈松田
审　　读：王　非
法律顾问：赵亚臣

出　　版：吉林出版集团有限责任公司
发　　行：吉林出版集团青少年书刊发行有限公司
地　　址：吉林省长春市人民大街 4646 号
邮政编码：130021
电　　话：0431-86037607 ／ 86037637
印　　刷：北京盛通印刷股份有限公司（如有印制问题，请与印厂联系）
地　　址：北京市大兴区亦庄经济技术开发区经海三路 18 号
联 系 人：李鑫洋
联系电话：010-67887676
版　　次：2015 年 6 月第 1 版
印　　次：2015 年 6 月第 1 次印刷
开　　本：230mm×280mm　1/12
印　　张：8
字　　数：70 千字
书　　号：ISBN 978-7-5534-7405-2
定　　价：68.00 元　　　　　　版权所有 翻印必究

编辑制作：上海嘉麟杰益鸟文化传媒有限公司
北京地址：北京市朝阳区望京广泽路 2 号慧谷根园平和胡同 50 号
上海地址：上海市徐汇区漕溪北路 595 号上海电影广场 B 栋 16 楼
总 编 辑：赵雅婷／出版总监：雷蕾／文字编辑：张璐
视觉总监：沈康／美术编辑：叶秋英　刘小竹／标题书法：刘其龙
发行总监：王炳护／联系电话：010-64399123
展览总监：潘朝／邮箱：panzhao@yiniao.com

版权提供
All Rights Reserved by PNSO

版权代理
Copyright Agency

PNSO
啄木鸟科学艺术小组

益鸟科学艺术教育

Saichania

Olorotitan

Triceratops

Stygimoloch

Pachycephalosaurus

Microraptor

Mononykus

Nodosaurus

Sinosauropteryx

Tyrannosaurus

Tatisaurus

Protoceratops

Stegoceras

Triceratops

Dromaeosaurus

Stegoceras

Stygimoloch

Tatisaurus

Mononykus

Stegosaurus

Sinosauropteryx

Tyrannosaurus

Achelousaurus

Mamenchisaurus

Centrosaurus

Dromaeosaurus

Pachycephalosaurus

Achelousaurus

Microraptor

Huayangosaurus

Therizinosaurus

Tyrannosa...

Wuerhosaurus

Triceratops

Centrosaurus

Spinosaurus

Wuerhosaurus